上海市住房和城乡建设管理委员会

上海市市政工程养护维修预算定额
第一册　城市道路

SHA 1—41(01)—2022

同济大学出版社
2022　上　海

图书在版编目(CIP)数据

上海市市政工程养护维修预算定额. 第一册，城市道路：SHA 1—41(01)—2022 / 上海市建筑建材业市场管理总站，上海市道路运输管理局主编. —上海：同济大学出版社，2022.8

ISBN 978-7-5765-0314-2

Ⅰ. ①上… Ⅱ. ①上… ②上… Ⅲ. ①市政工程—建筑预算定额—上海②城市道路—公路养护—建筑预算定额—上海 Ⅳ. ①TU723.34②U418

中国版本图书馆 CIP 数据核字(2022)第 141094 号

上海市市政工程养护维修预算定额　第一册　城市道路 SHA 1—41(01)—2022

上海市建筑建材业市场管理总站
上海市道路运输管理局　主编

责任编辑 朱　勇　**责任校对** 徐春莲　**封面设计** 陈益平

出版发行　同济大学出版社　www.tongjipress.com.cn
(地址:上海市四平路 1239 号　邮编:200092　电话:021-65985622)
经　　销　全国各地新华书店
印　　刷　江苏凤凰数码印务有限公司
开　　本　890 mm×1240 mm　1/16
印　　张　4.5
字　　数　144 000
版　　次　2022 年 8 月第 1 版
印　　次　2022 年 8 月第 1 次印刷
书　　号　ISBN 978-7-5765-0314-2

定　　价　50.00 元

上海市市政工程养护维修预算定额
第一册　城市道路

主　编　单　位： 上海市建筑建材业市场管理总站
上海市道路运输管理局

参　编　单　位： 上海市政工程造价咨询有限公司
上海市道路运输事业发展中心
上海徐汇市政养护工程有限公司
上海黄浦市政养护管理有限公司
上海市宝山区市政工程管理中心
上海市嘉定区市政工程管理所
上海浦东新区东宝市政实业有限公司
上海高架养护管理有限公司

主要编制人员： 彭　磊　年蓓蓓　蒋宏彦　姚　婷　江伟东　汪一江
王　梅　徐云雷　董友亮　高　鹏　王培晓　丁吴斌
陈黎明　朱　麟　孙元良　贺敏伟　徐智妹　郭　瑞
吕艳萍　罗雯琦　佘燕屏　张列学　张建华　沈　健
俞鸿志　沈怡杰

审　定　人　员： 戴富元　李　青　黄　英　颜肖沙　金昌哲　何伊君
张　俊

上海市住房和城乡建设管理委员会文件

沪建标定〔2022〕94 号

上海市住房和城乡建设管理委员会
关于批准发布《上海市市政工程养护维修预算定额
第一册　城市道路 SHA 1—41(01)—2022》的通知

各有关单位：

为进一步完善本市建设工程计价依据，满足本市养护工程的计价需求，根据市住房城乡建设管理委《关于印发〈2019 年度上海市工程建设及城市基础设施养护维修定额编制计划〉的通知》（沪建管〔2018〕488 号）及《上海市建设工程定额体系表（2020 版）》（沪建标定〔2020〕794 号），由上海市建筑建材业市场管理总站组织编制的《上海市市政工程养护维修预算定额　第一册　城市道路　SHA 1—41(01)—2022》经审核，现予以批准发布。自 2022 年 5 月 1 日起实施，原《上海市城市道路养护维修预算定额》同时废止。

本次发布的定额由市住房城乡建设管理委负责管理，由上海市建筑建材业市场管理总站负责组织实施和解释。

特此通知。

上海市住房和城乡建设管理委员会

二〇二二年二月九日

总 说 明

一、《上海市市政工程养护维修预算定额　第一册　城市道路(SHA 1—41(01)—2022)》(以下简称“本定额”)是根据上海市住房和城乡建设管理委员会《关于印发〈2019年度上海市工程建设及城市基础设施养护维修定额编制计划〉的通知》有关规定,在《上海市市政工程养护维修预算定额　第一册　城市道路(SHA 1—41(01)—2010)》的基础上,并根据《城市道路养护技术规程》(DG/TJ 08—92—2013)等有关技术规范和养护要求,结合近几年上海市养护维修工程的实际施工情况,按量价分离原则进行编制的。

二、本定额仅适用于上海行政区域范围内城市道路设施、城市桥梁设施、地下通道设施的保养小修工程,不适用于城市快速路和特大型桥梁等设施。

三、本定额的作用:是编制城市道路设施养护维修工程估算指标的参考依据;是编制城市道路设施养护维修工程预算的参考依据。

四、本定额分为城市道路、城市桥梁和地下通道三章。

五、本定额是按照城市道路设施养护的施工条件、常用的养护施工机械设备、合理的施工工期、施工工艺及劳动组织编制的,反映上海市城市道路设施养护维修工程的社会平均消耗水平。

六、本定额是按照国家及上海市现行有关的强制性标准、推荐性标准、施工验收规范、质量评定标准、安全操作规程编制的,并参考了有代表性的养护维修案例等资料。

七、本定额各个项目的工作内容已包括了全部施工过程、施工场内运输、场地清理以及进出场地所必须的运输条件,除主要施工工序外,未说明的次要工序均已考虑在定额内。

八、本定额中的人工以综合人工(养护、市政土建)及综合人工(养护、市政安装)表示。人工消耗量内容包括基本用工、辅助用工、超运距用工及人工幅度差。人工工日按8小时工作制计算,并结合养护维修工程的特点,考虑了一次养护工程量小、作业点分散、人工降效幅度较常规工程大等因素,综合计算了人工幅度差。

九、本定额中材料消耗量已包括材料净用量、操作及场内运输损耗。定额中难以计量的零星材料已综合为“其他材料费”,分别以占该项目材料费之和的百分率计算。定额中带“(　)”的主材,不作为计算其他材料费的计价基数。

十、本定额中的机械台班均按8小时一个台班计算,并结合养护维修工程的特点,考虑了一次养护工程量小、作业点分散、人工降效幅度较常规工程大等因素,综合计算了机械幅度差。定额中机械类型、规格是在正常施工条件下、目前多数养护企业采用的常规施工机械装备综合确定的。定额中难以计量的小型施工机械已综合为“其他机械费”,以占该项目机械费之和的百分率计算。

十一、本定额费用的要素内容及计算方法参照《上海市建设工程施工费用计算规则(SHT 0—33—2016)》及工程造价管理部门现行文件确定。

十二、本定额的费率按照国家和本市有关部门发布的规定执行。城市道路设施养护维修工程费用计算顺序详见表1。

十三、本定额中混凝土按预拌混凝土考虑,砂浆按预拌砂浆考虑。混凝土及砂浆强度等级与设计强度等级不同时,可按设计强度等级进行换算。定额中的混凝土养护除另有说明外,均按自然养护考虑。

十四、铣刨沥青混凝土面层中包括旧料外运费,其余养护工程所发生的土方及旧料外运费按实结算。

十五、本定额中未包括搭拆施工脚手架费用,发生时套用其他相关定额。

十六、本定额中未包括大型机械(如铣刨机、摊铺机等)的场外运输及安拆费用,发生时按实结算。

十七、本定额中注有"××以内"或"××以下"者均包括"××"本身,"××以外"或"××以上"者,均不包括"××"本身。

十八、本定额不包含临近有高压电等特殊情况下的施工措施等。

十九、凡本说明未尽事宜,详见各章节说明和工程量计算规则。

表1　城市道路设施养护维修工程费用计算顺序

序号	项目名称		计算式
1	直接费	人工、材料、施工机具使用费	按预算定额规定计算
2		其中:人工费	
3	企业管理费和利润		[2]×费率
4	安全防护、文明施工措施费		([1]+[3])×费率
5	施工措施费		([1]+[3])×费率
6	规费	社会保险费	[2]×费率
		住房公积金	[2]×费率
7	小计		[1]+[3]+[4]+[5]+[6]
8	增值税		[7]×增值税税率
9	费用合计		[7]+[8]

目　　录

第一章　城 市 道 路

说　　明

一、本章定额主要包括翻挖旧路，铣刨沥青混凝土面层，沥青混凝土面层修补、摊铺、灌缝、预养护，水泥混凝土面层修补、铺筑、灌缝，路基压密注浆，翻修石材类面层，玻璃纤维格栅修补裂缝，翻修混凝土块砌边，铺筑道路基层，人行道，平侧石，路名牌，护栏，隔离墩，反光柱，保洁，升降检查井、升降雨水口、升高自调式防沉降井盖、调换自调式防沉降井盖，道路巡视检查等项目。

二、本章定额适用范围：

1. 沥青混凝土面层：

(1) 小块补坑：$S \leqslant 10\ m^2$。

(2) 翻挖及修补沥青混凝土面层：$10\ m^2 < S \leqslant 400\ m^2$。

2. 水泥混凝土面层：

(1) 局部修补：小于1块板的翻修。

(2) 翻挖及铺筑：$S \leqslant 200\ m^2$，适用整块板维修。

3. 人行道：$S \leqslant 100\ m^2$。

4. 基层、垫层：$S \leqslant 200\ m^2$。

三、小块坑槽修补面积，均指单个维修面积。

四、现浇透水水泥混凝土面层定额，混凝土采用现场拌制。

五、拆除项目包括人工配合作业。

六、拆除定额包含旧料场内运输，即拆除后的旧料应清理干净、就近堆放整齐。

七、基层及面层铺筑厚度为压实厚度。

八、路基压密注浆定额中已包括钻孔内容，注浆厚度为 40 cm，当厚度发生变化时，其材料可以换算。

九、模板已综合考虑，不单独计算。

十、车行道隔离护栏(活动式、固定式)长度按 2.5 m/片，人行道隔离护栏(花式)长度按 2 m/片，中央隔离墩长度按 2 m/块。

十一、定额中凡注明厚度的项目，实际要求不同时，执行每增减 1 cm 的相应定额子目。

十二、沥青混凝土路面机械摊铺定额已综合考虑了进口、国产摊铺机。

十三、混凝土路面定额中已综合了塑料薄膜养生、平缝与企口缝。

工程量计算规则

一、翻挖旧路及人行道按实际拆除面积以“$100\ m^2$”计算。

二、铣刨沥青混凝土路面按实际铣刨面积以“$100\ m^2$”计算。

三、小块坑槽修补按修补范围最大外接矩形面积以“$100\ m^2$”计算。

四、各类基层、面层按实铺面积以“$100\ m^2$”计算，不扣除各种井位所占面积。

五、机械灌缝、水泥混凝土路面伸缝灌缝、水泥混凝土路面缩缝灌缝以“100 m”计算。

六、混凝土砌块、侧平石按实铺长度以“100 m”计算。

七、车行道隔离护栏(活动式、固定式)、人行道隔离护栏(花式)、隔离墩以“100 m”计算。

八、各类雨水口、检查井以“座”计算。

九、道路巡视按养护范围内的单次应巡视单向里程长度以“km·次”计算。

一、车 行 道

工作内容： 翻挖、清理、堆放、旧料场内运输。

定额编号				Y1-1-1	Y1-1-2
项目			单位	机械翻挖沥青混凝土面层	
				10 cm	每增减 1 cm
				100 m^2	100 m^2
人工	00070109	综合人工(养护、市政土建)	工日	6.6000	0.5520
材料	03211101	风镐凿子	根	2.0000	0.2000
机械	99430230	电动空气压缩机 6 m^3/min	台班	0.7560	0.0600
	99330010	风镐	台班	1.5120	0.1200
	99070520	载重汽车 4 t	台班	0.3300	0.0276

工作内容： 翻挖、清理、堆放、旧料场内运输。

定额编号				Y1-1-3	Y1-1-4
项目			单位	空压机翻挖水泥混凝土面层	
				20 cm	每增减 1 cm
				100 m^2	100 m^2
人工	00070109	综合人工(养护、市政土建)	工日	28.2000	0.8760
材料	03211101	风镐凿子	根	8.0000	0.4000
机械	99330060	路面破碎机(电动)	台班	1.7640	0.0480
	99430230	电动空气压缩机 6 m^3/min	台班	1.7640	0.0480
	99330010	风镐	台班	3.5280	0.0960
	99070520	载重汽车 4 t	台班	1.4100	0.0438

工作内容： 翻挖、清理、堆放、旧料场内运输。

定额编号				Y1-1-5	Y1-1-6
项目			单位	液压镐翻挖水泥混凝土面层	
				20 cm	每增减 1 cm
				100 m^2	100 m^2
人工	00070109	综合人工(养护、市政土建)	工日	2.0040	0.0720
机械	99010060	履带式单斗液压挖掘机 1 m^3	台班	1.5360	0.0720
	99010610	液压镐头	台班	0.7680	0.0360
	99070520	载重汽车 4 t	台班	0.1000	0.0036

工作内容：翻挖、清理、堆放、旧料场内运输。

定 额 编 号				Y1-1-7	Y1-1-8
项 目			单位	机械翻挖水泥稳定碎石基层	
				20 cm	每增减 1 cm
				100 m^2	100 m^2
人工	00070109	综合人工(养护、市政土建)	工日	6.9840	0.3240
机械	99010060	履带式单斗液压挖掘机 1 m^3	台班	0.9840	0.0480
	99010610	液压镐头	台班	0.4320	0.0240
	99070520	载重汽车 4 t	台班	0.3492	0.0162

工作内容：翻挖、清理、堆放、旧料场内运输。

定 额 编 号				Y1-1-9	Y1-1-10
项 目			单位	机械翻挖三渣基层	机械翻挖三渣基层
				20 cm	每增减 1 cm
				100 m^2	100 m^2
人工	00070109	综合人工(养护、市政土建)	工日	16.8360	0.6480
材料	03211101	风镐凿子	根	12.0000	0.6000
机械	99430230	电动空气压缩机 6 m^3/min	台班	1.9920	0.0720
	99330010	风镐	台班	3.9960	0.1560
	99070520	载重汽车 4 t	台班	0.8418	0.0324

工作内容：翻挖、清理、堆放、旧料场内运输。

定 额 编 号				Y1-1-11	Y1-1-12
项 目			单位	机械翻挖碎石垫层	
				15 cm	每增减 1 cm
				100 m^2	100 m^2
人工	00070109	综合人工(养护、市政土建)	工日	7.5120	0.4800
材料	03211101	风镐凿子	根	3.0000	0.2000
机械	99430230	电动空气压缩机 6 m^3/min	台班	1.6200	0.0960
	99330010	风镐	台班	0.8160	0.0480
	99070520	载重汽车 4 t	台班	0.3756	0.0240

工作内容： 削拥包及铣刨路面、运旧料、清洗机械。

定额编号				Y1-1-13	Y1-1-14	Y1-1-15
项目			单位	铣刨沥青混凝土面层		
				3 cm	10 cm	每增减 1 cm
				100 m²	100 m²	100 m²
人工	00070109	综合人工(养护、市政土建)	工日	0.5100	0.6732	0.0306
机械	99070210	轮胎式挖掘装载机 0.5 m³	台班	0.1320	0.1740	0.0072
	99130590	路面铣刨机 宽度 2 000	台班	0.1320	0.1740	0.0072
	99070660	自卸汽车 8 t	台班	0.2640	0.3480	0.0144

工作内容： 翻挖、整理、凿边、烘工具、涂乳化沥青、铺筑、碾压、封边、清理场地。

定额编号				Y1-1-16	Y1-1-17
项目			单位	人工小块坑槽修补—细粒式沥青混凝土	
				4 cm	每增减 1 cm
				100 m²	100 m²
人工	00070109	综合人工(养护、市政土建)	工日	6.4861	0.9276
材料	13310302	乳化沥青	kg	46.4000	—
	80250311	细粒式沥青混凝土 AC-13	t	9.3380	2.3345
	14030301	重质柴油	kg	0.6299	0.1680
	34110101	水	m³	0.1303	0.0252
	X0045	其他材料费	%	0.1100	0.1100
机械	99130280	钢轮振动压路机 10 t	台班	0.2430	0.0288
	99070520	载重汽车 4 t	台班	0.3243	0.0464

工作内容： 翻挖、整理、铺筑、碾压。

定额编号				Y1-1-18	Y1-1-19
项目			单位	机械小块坑槽修补—细粒式沥青混凝土	
				4 cm	每增减 1 cm
				100 m²	100 m²
人工	00070109	综合人工(养护、市政土建)	工日	5.3571	0.4345
材料	13310302	乳化沥青	kg	46.4000	—
	80250311	细粒式沥青混凝土 AC-13	t	9.3380	2.3345
	14030301	重质柴油	kg	0.6299	0.1680
	34110101	水	m³	0.1303	0.0252
	X0045	其他材料费	%	0.1100	0.1100
机械	99130790	118 kW 道路工程养护车(DY-45)	台班	1.4150	—

工作内容： 翻挖整理原沥青混凝土、添加乳化沥青、摊铺沥青、找平、碾压、封边。

定　额　编　号				Y1-1-20
项　目			单位	机械热补沥青混凝土面层
				100 m^2
人工	00070109	综合人工(养护、市政土建)	工日	12.7500
材料	13310302	乳化沥青	kg	100.0000
	80250311	细粒式沥青混凝土 AC-13	t	5.5000
	X0045	其他材料费	%	1.0000
机械	99130800	修路王	台班	5.0000

工作内容： 翻挖整理原沥青混凝土、切边、凿边、铺设冷材料、找平、夯实、封边。

定　额　编　号				Y1-1-21
项　目			单位	人工冷补沥青混凝土面层
				小于 4 cm
				100 m^2
人工	00070109	综合人工(养护、市政土建)	工日	8.5000
材料	03211101	风镐凿子	根	1.0000
	80251800	冷补沥青混合料 8～10	t	8.8000
	X0045	其他材料费	%	0.0500
机械	99130100	手扶式振动压路机 1 t	台班	5.0000
	99430230	电动空气压缩机 6 m^3/min	台班	0.3960
	99330010	风镐	台班	0.9120
	99070520	载重汽车 4 t	台班	0.4250

工作内容：清扫浮松杂物、放样、凿边、烘工具、遮护各种井盖、铺筑、碾压、封边、清理场地。

定　额　编　号				Y1-1-22	Y1-1-23	Y1-1-24	Y1-1-25
项　　目			单位	机械摊铺粗粒式沥青混凝土(AC-25)		机械摊铺中粒式沥青混凝土(AC-20)	
				8 cm	每增减 1 cm	4 cm	每增减 1 cm
				100 m²	100 m²	100 m²	100 m²
人工	00070109	综合人工(养护、市政土建)	工日	0.9510	0.0920	0.6199	0.0820
材料	13310302	乳化沥青	kg	4.2000	—	46.4000	—
	80250526	粗粒式沥青混凝土 AC-25	t	19.2038	2.4005	—	—
	80250523	中粒式沥青混凝土 AC-20	t	—	—	9.5410	2.3852
	14030301	重质柴油	kg	1.2600	0.1575	0.6300	0.1575
	34110101	水	m³	0.1375	0.0126	0.0876	0.0126
	X0045	其他材料费	%	0.1200	0.1200	0.1100	0.1100
机械	99130280	钢轮振动压路机 10 t	台班	0.3710	—	0.1620	—
	99130500	沥青混凝土摊铺机 8 t 带自动找平	台班	0.1250	0.0110	0.1250	0.0110
	99070660	自卸汽车 8 t	台班	0.1860	—	0.0810	—

工作内容：清扫浮松杂物、放样、凿边、烘工具、遮护各种井盖、铺筑、碾压、封边、清理场地。

定　额　编　号				Y1-1-26	Y1-1-27	Y1-1-28	Y1-1-29
项　　目			单位	机械摊铺细粒式沥青混凝土(AC-13)		机械摊铺沥青玛蹄脂碎石沥青混凝土(SMA-13)	
				3 cm	每增减 1 cm	4 cm	每增减 1 cm
				100 m²	100 m²	100 m²	100 m²
人工	00070109	综合人工(养护、市政土建)	工日	0.5200	0.0820	0.6199	0.0820
材料	13310302	乳化沥青	kg	46.4000	—	46.4000	—
	80250311	细粒式沥青混凝土 AC-13	t	7.0035	2.3345	—	—
	80250914	改性沥青混凝土 SMA-13	t	—	—	9.6750	2.4187
	14030301	重质柴油	kg	0.4724	0.1680	0.6300	0.1575
	34110101	水	m³	0.1051	0.0252	0.0876	0.0126
	X0045	其他材料费	%	0.1100	0.1100	0.1100	0.1100
机械	99130280	钢轮振动压路机 10 t	台班	0.1620	—	0.1620	—
	99130500	沥青混凝土摊铺机 8 t 带自动找平	台班	0.1250	0.0110	0.1250	0.0110
	99070660	自卸汽车 8 t	台班	0.0810	—	0.0810	—

工作内容：开槽、清缝、烘干、灌缝。

定额编号				Y1-1-30
项目			单位	机械灌缝
				100 m
人工	00070109	综合人工(养护、市政土建)	工日	1.1220
材料	13351211	密封胶	kg	96.0000
机械	99450680	灌缝机	台班	0.4400
	99191350	开槽机	台班	0.4400
	99070520	载重汽车 4 t	台班	0.0561

工作内容：清理、吹扫、标线保护、洒布、养护。

定额编号				Y1-1-31	Y1-1-32
项目			单位	预养护	
				沥青再生	雾封层
				100 m²	100 m²
人工	00070109	综合人工(养护、市政土建)	工日	1.3770	1.3770
材料	14354710	沥青还原剂	kg	25.0000	—
	34110101	水	m³	—	0.1613
	13310501	改性基质沥青	t	—	0.1154
	14356010	添加剂 A(SBR 乳胶)	kg	—	16.4000
	14356020	添加剂 B(乳化剂)	kg	—	5.0000
	X0045	其他材料费	%	—	5.0000
机械	99110030	工程两用车	台班	0.0220	0.0220
	99450690	沥再生材料洒布机	台班	0.0220	—
	99450700	雾封层材料搅拌设备	台班	—	0.0160
	99450710	雾封层材料洒布机	台班	—	0.0220
	JX2030	其他机械费	%	—	3.5000

工作内容：翻挖、切边、整平、模板安拆、铺筑、路面锯纹、切缝、养护。

定额编号				Y1-1-33	Y1-1-34
项目			单位	局部修补水泥混凝土面层	
				22 cm	每增减 1 cm
				100 m^2	100 m^2
人工	00070109	综合人工(养护、市政土建)	工日	61.4409	1.2849
材料	80210524	预拌混凝土(非泵送型) C35 粒径 5～40	m^3	22.2200	1.0100
	05150101	木丝板	m^2	2.7830	0.1540
	35010703	木模板成材	m^3	0.0232	0.0011
	03211101	风镐凿子	根	8.0000	0.4000
	03210901	切缝机刀片	片	0.0333	—
	03210902	锯纹机刀片	片	0.8333	—
	03150101	圆钉	kg	0.1429	0.0067
	36030252	涤纶针刺土工布 200 g/m^2	m^2	35.0000	—
	34110101	水	m^3	16.6740	0.4305
	X0045	其他材料费	%	0.0100	0.0100
机械	99050940	混凝土振捣器 平板式	台班	4.3998	0.1998
	99050930	混凝土振捣器 插入式	台班	8.8002	0.4002
	99050870	混凝土切缝机	台班	0.2500	—
	99130600	混凝土路面刻槽机	台班	3.3000	—
	99330060	路面破碎机(电动)	台班	1.7640	0.0480
	99430200	电动空气压缩机 0.6 m^3/min	台班	1.7640	0.0480
	99330010	风镐	台班	3.5280	0.0960
	99070520	载重汽车 4 t	台班	2.8108	0.0642

工作内容：放样、模板安拆、浇筑、抹平、路面锯纹、切缝、养护。

定　额　编　号				Y1-1-35	Y1-1-36
项　　目			单位	铺筑水泥混凝土面层	
				22 cm	每增减 1 cm
				100 m^2	100 m^2
人工	00070109	综合人工(养护、市政土建)	工日	8.9875	0.1666
材料	80210525	预拌混凝土(非泵送型) C40 粒径 5～16	m^3	22.2200	1.0100
	05150101	木丝板	m^2	2.7830	0.1540
	35010703	木模板成材	m^3	0.0927	0.0034
	13310401	石油沥青	kg	26.7800	0.8240
	03210901	切缝机刀片	片	0.0190	—
	03150101	圆钉	kg	0.5716	0.0210
	36030252	涤纶针刺土工布 200 g/m^2	m^2	35.0000	—
	03210902	锯纹机刀片	片	0.8333	—
	34110101	水	m^3	16.6740	0.4305
	X0045	其他材料费	%	0.0100	0.0100
机械	99050940	混凝土振捣器 平板式	台班	0.8800	0.0400
	99050930	混凝土振捣器 插入式	台班	1.7600	0.0800
	99050870	混凝土切缝机	台班	0.1658	—
	99130600	混凝土路面刻槽机	台班	0.6600	—
	99430200	电动空气压缩机 0.6 m^3/min	台班	0.0397	—
	99070520	载重汽车 4 t	台班	0.4449	0.0083

工作内容：清理缝隙垃圾、嵌入泡沫条、配置搅拌封缝胶、灌缝。

定　额　编　号				Y1-1-37	Y1-1-38
项　　目			单位	水泥混凝土面层	
				伸缝灌缝	缩缝灌缝
				100 m	100 m
人工	00070109	综合人工(养护、市政土建)	工日	6.8544	5.5216
材料	14412911	PG 道路封缝胶	kg	81.3750	32.5500
	15130216	泡沫条 ϕ30	m	50.0000	—
	15130214	泡沫条 ϕ8	m	—	50.0000
机械	99430230	电动空气压缩机 6 m^3/min	台班	0.3000	0.3000
	99070520	载重汽车 4 t	台班	0.1500	0.1500

工作内容：钻孔取土、浆液拌制、灌缝、注浆、封孔、设备移位、监测、冲洗等。

定额编号				Y1-1-39
项目			单位	路基压密注浆
				100 m^2
人工	00070109	综合人工(养护、市政土建)	工日	10.4200
材料	04010112	水泥 42.5 级	t	25.5800
	13310401	石油沥青	kg	30.6000
	14312001	硅酸钠(水玻璃)	kg	0.8600
	14350701	膨胀剂	kg	2.8800
	34110101	水	m^3	11.2800
	X0045	其他材料费	%	1.0000
机械	99030620	工程钻机 GPS-10	台班	1.7400
	99440670	液压注浆泵 HYB50/50-1 型	台班	3.4700
	99050790	挤压式灰浆搅拌机 400 L	台班	3.4700
	99440240	泥浆泵 ϕ50	台班	3.4700
	99430210	电动空气压缩机 1 m^3/min	台班	1.7400
	99070520	载重汽车 4 t	台班	0.5210

工作内容：翻挖石材面层及细石混凝土、铺设细石混凝土砂浆、找平、可利用石材整理、铺设石材、灌浆捣实扫缝、养护。

定额编号				Y1-1-40
项目			单位	局部翻修石材类面层
				m^2
人工	00070109	综合人工(养护、市政土建)	工日	4.0000
材料	80210521	预拌混凝土(非泵送型) C30 粒径 5～40	m^3	0.0516
	34110101	水	m^3	0.2500
	02090101	塑料薄膜	m^2	0.0662
	03211101	风镐凿子	根	2.0000
	80060212	干混抹灰砂浆 DP M10.0	m^3	0.0069
	80060513	湿拌抹灰砂浆 WPM15.0	m^3	0.0241
	08010010	石材	m^2	(0.2100)
机械	99070520	载重汽车 4 t	台班	0.5000
	99430230	电动空气压缩机 6 m^3/min	台班	0.5000
	99330010	风镐	台班	1.0000

工作内容：清扫浮松杂物、整修路拱、铺设玻璃纤维格栅、布端锚固或使用粘层油。

定额编号				Y1-1-41
项目			单位	玻璃纤维格栅修补裂缝
				100 m^2
人工	00070109	综合人工(养护、市政土建)	工日	0.6960
材料	36030502	玻璃纤维格栅	m^2	107.8000
	03150811	水泥钢钉	kg	3.3400
机械	99070520	载重汽车 4 t	台班	0.0348

工作内容：浇筑、养护。

定额编号				Y1-1-42	Y1-1-43
项目			单位	铺筑水泥混凝土基层	
				20 cm	每增减 1 cm
				100 m^2	100 m^2
人工	00070109	综合人工(养护、市政土建)	工日	4.9368	0.1958
材料	80210515	预拌混凝土(非泵送型) C20 粒径 5～40	m^3	20.2000	1.0100
	34110101	水	m^3	4.4100	—
	36030252	涤纶针刺土工布 200 g/m^2	m^2	35.0000	—
机械	99050940	混凝土振捣器 平板式	台班	0.7992	0.0400
	99070520	载重汽车 4 t	台班	0.2468	0.0098

工作内容：放样、摊铺、碾压、养护。

定额编号				Y1-1-44	Y1-1-45
项目			单位	铺筑水泥稳定碎石基层	
				20 cm	每增减 1 cm
				100 m^2	100 m^2
人工	00070109	综合人工(养护、市政土建)	工日	5.9988	0.300 0
材料	36030252	涤纶针刺土工布 200 g/m^2	m^2	35.0000	—
	34110101	水	m^3	6.7900	—
	80331411	水泥稳定碎石 掺入水泥 5%	t	45.4920	2.2746
机械	99130320	钢轮振动压路机 20 t	台班	0.0648	0.0032
	99130120	内燃光轮压路机 重型	台班	0.0360	0.0018
	99130220	轮胎压路机 20 t	台班	0.0360	0.0018
	99310040	洒水车 8 000 L	台班	0.1576	—
	99070520	载重汽车 4 t	台班	0.2999	0.0150

工作内容：铺筑、碾压、洒水。

定额编号				Y1-1-46	Y1-1-47	Y1-1-48	Y1-1-49
项目			单位	铺筑砾石砂垫层		铺筑碎石垫层	
				15 cm	每增减 1 cm	15 cm	每增减 1 cm
				100 m^2	100 m^2	100 m^2	100 m^2
人工	00070109	综合人工(养护、市政土建)	工日	2.0808	0.0520	3.5394	0.1888
材料	04050209	碎石 5～15	t	—	—	3.5777	0.2385
	04050217	碎石 5～40	t	—	—	6.2100	0.4140
	04050313	道碴 50～70	t	—	—	21.7500	1.4500
	34110101	水	m^3	2.6010	0.1734	2.5230	0.1700
	04030701	砾石砂	t	33.1628	2.2109	—	—
机械	99130110	内燃光轮压路机 轻型	台班	0.0571	0.0020	0.0571	0.0020
	99130120	内燃光轮压路机 重型	台班	0.0982	0.0055	0.2291	0.0103
	99070520	载重汽车 4 t	台班	0.1040	0.0026	0.1770	0.0094

工作内容：翻挖、整理、夯实、放样、排砌、灌缝、捣实、湿治。

定额编号				Y1-1-50	Y1-1-51
项目			单位	翻修混凝土块砌边	
				15 cm	30 cm
				100 m	100 m
人工	00070109	综合人工(养护、市政土建)	工日	19.1568	28.6992
材料	80210515	预拌混凝土(非泵送型) C20 粒径 5～40	m^3	1.7700	2.5300
	80060513	湿拌抹灰砂浆 WP M15.0	m^3	0.0700	0.3200
	04272105	混凝土预制块 300×150×150	块	326.2300	652.4600
	03211101	风镐凿子	根	4.0000	6.0000
	34110101	水	m^3	3.4200	5.6600
机械	99430230	电动空气压缩机 6 m^3/min	台班	0.3240	0.6960
	99330010	风镐	台班	0.6480	1.3920
	99070520	载重汽车 4 t	台班	1.0428	1.5564

二、人 行 道

工作内容：翻挖、整理、夯实、修边、浇筑、抹面、滚花、湿治。

定　额　编　号				Y1-1-52	Y1-1-53
项　目			单位	翻修斜坡混凝土	
				15 cm	每增减 1 cm
				100 m^2	100 m^2
人工	00070109	综合人工(养护、市政土建)	工日	20.8440	4.7348
材料	80210515	预拌混凝土(非泵送型) C20 粒径 5～40	m^3	15.1500	1.0100
	03211101	风镐凿子	根	6.0000	2.0000
	36030252	涤纶针刺土工布 200 g/m^2	m^2	35.0000	—
	34110101	水	m^3	4.4100	0.4305
机械	99050940	混凝土振捣器 平板式	台班	0.6000	0.0400
	99430230	电动空气压缩机 6 m^3/min	台班	1.8360	0.5400
	99330010	风镐	台班	3.6720	1.0800
	99070520	载重汽车 4 t	台班	1.3422	0.2367

工作内容：翻挖、整理、夯实、铺垫层及预制板、扫缝。

定　额　编　号				Y1-1-54	Y1-1-55
项　目			单位	翻排水泥混凝土预制板	翻排水泥混凝土预制块
				100 m^2	100 m^2
人工	00070109	综合人工(养护、市政土建)	工日	11.1079	15.1174
材料	36050111	预制混凝土人行道板 490×490×65	m^2	52.0000	—
	36051001	非连锁型彩色预制块	m^2	—	51.0000
	04030115	黄砂 中粗	t	9.8592	5.4794
机械	99070520	载重汽车 4 t	台班	0.5554	0.7559

工作内容：翻挖、整理、夯实、铺砂垫层及透水砖、扫缝。

定额编号				Y1-1-56
项目			单位	翻排透水砖
				100 m^2
人工	00070109	综合人工(养护、市政土建)	工日	15.1174
材料	36050601	透水砖	m^2	51.0000
	04030115	黄砂 中粗	t	5.5869
机械	99070520	载重汽车 4 t	台班	0.7559

工作内容：翻挖石材类面层、预制砂浆运输、铺设砂浆、抹平、铺设石材类面层、扫缝。

定额编号				Y1-1-57
项目			单位	翻排石材类面层
				100 m^2
人工	00070109	综合人工(养护、市政土建)	工日	30.8377
材料	03211101	风镐凿子	根	1.5000
	04030115	黄砂 中粗	t	0.2829
	80060113	干混砌筑砂浆 DM M10.0	m^3	3.0750
	36052161	人行道板(石材) 300×300×60	m^2	(71.4000)
机械	99330010	风镐	台班	1.8840
	99430210	电动空气压缩机 1 m^3/min	台班	1.8840
	99070520	载重汽车 4 t	台班	1.5419

工作内容： 放样、拌料、摊铺、夯实振实、整平、养护、锯缝、填嵌缝胶、喷保护剂、清理场地、场内运输等。

定额编号				Y1-1-58
项目			单位	现浇透水水泥混凝土面层
				10 cm
				100 m^2
人工	00070109	综合人工(养护、市政土建)	工日	18.4722
材料	04010116	水泥 52.5 级	kg	3 842.0000
	04050241	碎石(精加工玄武岩) 5～10	kg	19 396.6500
	14415531	混凝土表面增强剂 LDA	kg	96.8768
	34110101	水	m^3	5.1468
	36030252	涤纶针刺土工布 200 g/m^2	m^2	20.0000
	14355801	氟碳保护剂	kg	30.0000
	15130214	泡沫条 ϕ8	m	30.6000
	14412911	PG 道路封缝胶	kg	9.7650
	03210901	切缝机刀片	片	0.0500
	X0045	其他材料费	%	0.0100
机械	99070630	自卸汽车 4 t	台班	0.9674
	99050870	混凝土切缝机	台班	0.4364
	99050940	混凝土振捣器 平板式	台班	0.3998
	99050230	双锥反转出料混凝土搅拌机 500 L	台班	0.3998

工作内容： 翻挖、整理、夯实、修边、铺筑。

定额编号				Y1-1-59	Y1-1-60
项目			单位	翻修水泥混凝土基层	
				10 cm	每增减 1 cm
				100 m^2	100 m^2
人工	00070109	综合人工(养护、市政土建)	工日	13.5624	1.1078
材料	80210515	预拌混凝土(非泵送型) C20 粒径 5～40	m^3	10.1000	1.0100
	03211101	风镐凿子	根	4.0000	0.4000
	34110101	水	m^3	4.4100	—
	36030252	涤纶针刺土工布 200 g/m^2	m^2	35.0000	—
机械	99050940	混凝土振捣器 平板式	台班	0.4000	0.0400
	99430230	电动空气压缩机 6 m^3/min	台班	1.2960	0.1080
	99330010	风镐	台班	2.5920	0.2160
	99070520	载重汽车 4 t	台班	0.6781	0.0554

工作内容： 翻挖、整理、夯实垫层，铺设混凝土基础、捣实、放样、排砌侧石，灌扫缝，湿治填后。

定　额　编　号				Y1-1-61	Y1-1-62
项　　目			单位	翻排预制水泥混凝土侧石	翻排预制水泥混凝土平石
				100 m	100 m
人工	00070109	综合人工(养护、市政土建)	工日	9.9840	7.9200
材料	80210515	预拌混凝土(非泵送型) C20 粒径 5～40	m^3	3.4800	6.8200
	80060513	湿拌抹灰砂浆 WP M15.0	m^3	0.0700	0.0400
	36051201	预制混凝土侧石 1 000×300×120	m	72.1000	—
	36051301	预制混凝土平石 1 000×300×120	m	—	72.1000
	04050311	道碴 30～80	t	4.0000	5.9200
	34110101	水	m^3	1.6800	1.6800
	03211101	风镐凿子	根	3.0000	4.0000
机械	99430230	电动空气压缩机 6 m^3/min	台班	0.3840	0.3240
	99330010	风镐	台班	0.7680	0.6480
	99070520	载重汽车 4 t	台班	0.4992	0.3960

工作内容： 翻挖、整理、夯实垫层，铺设混凝土基础、捣实、放样、排砌侧石，灌扫缝，湿治填后。

定　额　编　号				Y1-1-63	Y1-1-64
项　　目			单位	翻排石材侧石	翻排石材平石
				100 m	100 m
人工	00070109	综合人工(养护、市政土建)	工日	9.9840	7.9200
材料	80210515	预拌混凝土(非泵送型) C20 粒径 5～40	m^3	3.4800	6.8200
	80060513	湿拌抹灰砂浆 WP M15.0	m^3	0.0700	0.0400
	36070252	花岗岩侧石 500×300×120	m	(87.5500)	—
	36070262	花岗岩平石 500×300×120	m	—	(87.5500)
	04050311	道碴 30～80	t	4.0000	5.9200
	34110101	水	m^3	1.6800	1.6800
	03211101	风镐凿子	根	3.0000	4.0000
机械	99430230	电动空气压缩机 6 m^3/min	台班	0.3840	0.3240
	99330010	风镐	台班	0.7680	0.6480
	99070520	载重汽车 4 t	台班	0.4992	0.3960

三、附属设施

工作内容： 挖土、浇筑混凝土基础、立杆安装、调整垂直度、装饰件安装、路名牌安装、位置调整。

定额编号				Y1-1-65	Y1-1-66	Y1-1-67
项目			单位	新装路名牌 A型 套	新装路名牌 B型 套	新装路名牌 C型 套
人工	00070113	综合人工(养护、市政安装)	工日	0.7857	0.6667	0.6667
材料	80210515	预拌混凝土(非泵送型) C20 粒径 5～40	m^3	0.0979	0.0979	0.0979
	36214111	A型路名牌立杆	套	1.0000	—	—
	36214011	A型铝板路名牌 LM1500×360×2	套	1.0000	—	—
	36214211	A型塑料装饰件	套	1.0000	—	—
	20010820	法兰 ϕ89 下	只	1.0000	1.0000	—
	36214112	B型路名牌立杆	套	—	1.0000	—
	36214012	B型铝板路名牌 LM1500×450	套	—	1.0000	—
	36214212	B型塑料装饰件	套	—	1.0000	—
	36214113	C型路名牌立杆	套	—	—	1.0000
	36214013	C型铝板路名牌 LM1200×360	套	—	—	1.0000
	36214213	C型塑料装饰件	套	—	—	1.0000
	20010810	法兰 ϕ76 下	只	—	—	1.0000
机械	99070520	载重汽车 4 t	台班	0.1634	0.1284	0.1284
	99091840	液压升降机	台班	0.1050	0.0700	0.0700

工作内容： 布置、拆卸、凿除、清理、安装、校正。

定额编号				Y1-1-68	Y1-1-69	Y1-1-70	Y1-1-71
项目			单位	路名牌移位	调换路名牌立杆	调换路名牌立杆	调换路名牌立杆
					A型	B型	C型
				套	套	套	套
人工	00070113	综合人工(养护、市政安装)	工日	1.5717	1.5717	1.3337	1.3337
材料	80210513	预拌混凝土(非泵送型) C20 粒径 5～16	m^3	0.0750	0.0750	0.0750	0.0750
	03211101	风镐凿子	根	0.4000	0.4000	0.4000	0.4000
	36214111	A型路名牌立杆	套	—	1.0000	—	—
	20010820	法兰 ϕ89 下	只	1.0000	1.0000	1.0000	—
	36214112	B型路名牌立杆	套	—	—	1.0000	—
	36214113	C型路名牌立杆	套	—	—	—	1.0000
	20010810	法兰 ϕ76 下	只	—	—	—	1.0000
	3018176	螺栓 M16×35	只	4.0000	—	—	—
	3018171	螺栓 M8×25	只	3.0000	—	—	—
机械	99070520	载重汽车 4 t	台班	0.2000	0.2000	0.2000	0.2000
	99430230	电动空气压缩机 6 m^3/min	台班	0.2000	0.2000	0.2000	0.2000
	99330010	风镐	台班	0.4000	0.4000	0.4000	0.4000

工作内容： 布置、拆卸、调换、校正。

定额编号				Y1-1-72	Y1-1-73	Y1-1-74
项目			单位	调换路名牌牌面	调换路名牌牌面	调换路名牌牌面
				A型	B型	C型
				套	套	套
人工	00070113	综合人工(养护、市政安装)	工日	0.3927	0.1326	0.1326
材料	36214011	A型铝板路名牌 LM1500×360×2	套	1.0000	—	—
	36214012	B型铝板路名牌 LM1500×450	套	—	1.0000	—
	36214013	C型铝板路名牌 LM1200×360	套	—	—	1.0000
机械	99070520	载重汽车 4 t	台班	0.1800	0.1800	0.1800

工作内容：清洗保洁路名牌牌面。

定额编号				Y1-1-75
项目			单位	保洁路名牌牌面
				块
人工	00070109	综合人工(养护、市政土建)	工日	0.0797
材料	34110101	水	m^3	0.0106
	X0045	其他材料费	%	10.0000
机械	99070520	载重汽车 4 t	台班	0.0040

工作内容：除锈、涂刷二度底漆及二度面漆。

定额编号				Y1-1-76
项目			单位	人行道隔离护栏油漆
				100 m
人工	00070109	综合人工(养护、市政土建)	工日	4.2500
材料	13010101	调和漆	kg	19.8000
	13050401	防锈漆	kg	29.1000
	X0045	其他材料费	%	5.0000
机械	99070520	载重汽车 4 t	台班	1.0000

工作内容：扶正、保洁、润滑、补漆等。

定额编号				Y1-1-77
项目			单位	扶正人行道、快/慢车道隔离栏
				100 m
人工	00070109	综合人工(养护、市政土建)	工日	1.7000
机械	99070520	载重汽车 4 t	台班	0.0850

工作内容：挖洞、拆螺丝、装卸车、混凝土运输装卸、填实混凝土。

定额编号				Y1-1-78
项目			单位	拆除护栏
				固定式
				100 m
人工	00070109	综合人工(养护、市政土建)	工日	10.2000
材料	80210521	预拌混凝土(非泵送型) C30 粒径 5～40	m^3	4.1412
机械	99070520	载重汽车 4 t	台班	1.0000
	99430230	电动空气压缩机 6 m^3/min	台班	1.0000
	JX2030	其他机械费	%	10.0000

工作内容：拆螺丝、装卸车、混凝土运输装卸。

定额编号				Y1-1-79
项目			单位	拆除护栏
				活动式
				100 m
人工	00070109	综合人工(养护、市政土建)	工日	6.8000
机械	99070520	载重汽车 4 t	台班	1.0000

工作内容：放样、安装、校正、固定、清扫。

定额编号				Y1-1-80	Y1-1-81	Y1-1-82
项目			单位	新装车行道隔离护栏		新装人行道隔离护栏
				固定式 预埋式	固定式 膨胀螺栓	
				100 m	100 m	100 m
人工	00070113	综合人工(养护、市政安装)	工日	14.2800	14.2800	10.2000
材料	36130311	人行护栏(花式)	片	—	—	(50.0000)
	36130401	固定式车行分隔栏	m	(40.0000)	(40.0000)	—
	80210521	预拌混凝土(非泵送型) C30 粒径 5～40	m^3	2.6600	—	6.6594
	13010101	调和漆	kg	49.4100	49.4100	30.5000
	13056101	红丹防锈漆	kg	72.6900	72.6900	44.6000
	03018103	膨胀螺栓(钢制)	套	—	81.6000	—
机械	99070520	载重汽车 4 t	台班	1.4160	1.4160	0.5000

工作内容：放样、安装、校正、固定、清扫。

定额编号				Y1-1-83
项目			单位	新装车行道隔离护栏
				活动式
				100 m
人工	00070113	综合人工(养护、市政安装)	工日	10.2000
材料	36130501	活动式车行分隔栏	m	(40.0000)
	13010101	调和漆	kg	40.4300
	13056101	红丹防锈漆	kg	57.4700
机械	99070520	载重汽车 4 t	台班	0.5100

工作内容：放样、安装、校正、固定、清扫。

定额编号				Y1-1-84
项目			单位	新装防撞隔离墩
				100 m
人工	00070113	综合人工(养护、市政安装)	工日	24.0000
材料	36131011	中央隔离墩 2 m×0.8 m	套	50.0000
机械	99070520	载重汽车 4 t	台班	2.5680
	99090360	汽车式起重机 8 t	台班	2.0400

工作内容：扶正、对齐隔离墩。

定额编号				Y1-1-85
项目			单位	扶正防撞隔离墩
				10 m
人工	00070109	综合人工(养护、市政土建)	工日	1.1050
机械	99070520	载重汽车 4 t	台班	0.0553

工作内容：安装、就位。

定额编号				Y1-1-86	Y1-1-87	Y1-1-88
项目			单位	安装铁制反光柱	安装塑制反光柱	安装磁式吸盘底座反光柱
				根	根	根
人工	00070113	综合人工(养护、市政安装)	工日	0.2880	0.1800	0.1500
材料	36210311	反光柱 ϕ90×1200	根	(1.0000)	—	—
	36210332	塑制反光柱(EVA) ϕ80，H=45 cm	根	—	(1.0000)	—
	36210351	磁式吸盘底座反光柱	套	—	—	(1.0000)
	03211101	风镐凿子	根	0.1250	—	—
	03018103	膨胀螺栓(钢制)	套	—	3.0000	3.0000
	14210101	环氧树脂	kg	—	—	0.2500
	X0045	其他材料费	%	2.0000	—	—
机械	99330010	风镐	台班	0.0720	—	—
	99430200	电动空气压缩机 0.6 m^3/min	台班	0.0360	—	—
	99350150	冲击电钻	台班	—	0.0960	0.0960
	99070520	载重汽车 4 t	台班	0.0320	0.0427	0.0427

工作内容： 擦洗干净。

定额编号				Y1-1-89
项目			单位	人工保洁护栏
				10 m
人工	00070109	综合人工(养护、市政土建)	工日	0.0340
材料	34110101	水	m^3	0.0020
	X0045	其他材料费	%	10.0000
机械	99070520	载重汽车 4 t	台班	0.0017

工作内容： 冲洗保洁护栏。

定额编号				Y1-1-90
项目			单位	机械冲洗护栏
				10 m
人工	00070109	综合人工(养护、市政土建)	工日	0.0170
材料	34110101	水	m^3	0.0026
	X0045	其他材料费	%	10.0000
机械	99150250	护栏保洁车(DMCM170A)	台班	0.0067

工作内容： 翻挖拆盖座及盖框、整理洗刷接口面、拆砌砖墙、粉刷、安装盖框及盖座、填实整平。

定额编号				Y1-1-91	Y1-1-92	Y1-1-93	Y1-1-94
项目			单位	升降检查井(750×750以下)	升降检查井(750×750以上)	升降检查井(750×750以下)	升降检查井(750×750以上)
				升高 30 cm 以内		降低 30 cm 以内	
				座	座	座	座
人工	00070109	综合人工(养护、市政土建)	工日	1.5864	1.7057	1.3158	1.3158
材料	80210513	预拌混凝土(非泵送型) C20 粒径 5～16	m^3	0.0081	0.0081	0.0081	0.0081
	80060413	湿拌砌筑砂浆 WM M10.0	m^3	0.1036	0.1401	0.0268	0.0359
	80060513	湿拌抹灰砂浆 WP M15.0	m^3	0.0433	0.0583	—	—
	04131711	蒸压灰砂砖	1 000 块	0.1778	0.2404	—	—
	03211101	风镐凿子	根	0.0500	0.0500	0.0500	0.0500
	34110101	水	m^3	0.3773	0.5286	—	—
机械	99090360	汽车式起重机 8 t	台班	0.0426	0.0426	0.0426	0.0426
	99430230	电动空气压缩机 6 m^3/min	台班	0.0600	0.0600	0.0600	0.0600
	99330010	风镐	台班	0.1200	0.1200	0.1200	0.1200
	99070520	载重汽车 4 t	台班	0.0793	0.0853	0.0658	0.0658

工作内容：翻挖拆盖座及盖框、整理洗刷接口面、拆砌砖墙、粉刷、安装盖框及盖座、填实整平。

定　额　编　号				Y1-1-95	Y1-1-96
项　　目			单位	升降雨水口	
				升高 30 cm 以内	降低 30 cm 以内
				座	座
人工	00070109	综合人工(养护、市政土建)	工日	0.7184	0.3228
材料	80060513	湿拌抹灰砂浆 WP M15.0	m^3	0.0450	—
	80060413	湿拌砌筑砂浆 WM M10.0	m^3	0.0337	0.0097
	04131711	蒸压灰砂砖	1 000 块	0.0959	—
	03211101	风镐凿子	根	0.0500	0.0500
	34110101	水	m^3	0.3447	—
机械	99430230	电动空气压缩机 6 m^3/min	台班	0.0600	0.0600
	99330010	风镐	台班	0.1200	0.1200
	99070520	载重汽车 4 t	台班	0.0359	0.0161

工作内容：翻挖、升高检查井、修复路面。

定　额　编　号				Y1-1-97
项　　目			单位	升高自调式防沉降检查井井盖
				座
人工	00070109	综合人工(养护、市政土建)	工日	0.1081
材料	03211101	风镐凿子	根	0.0050
	13310302	乳化沥青	kg	0.3851
	14030301	重质柴油	kg	0.0046
	80250311	细粒式沥青混凝土 AC-13	t	0.0678
	34110101	水	m^3	0.0010
	X0045	其他材料费	%	0.1100
机械	99330010	风镐	台班	0.0066
	99430230	电动空气压缩机 6 m^3/min	台班	0.0033
	99130100	手扶式振动压路机 1 t	台班	0.0020
	99070520	载重汽车 4 t	台班	0.0054

工作内容： 切缝、翻挖路面、更换井盖、修补路面、夯实碾压。

定额编号				Y1-1-98
项目			单位	调换自调式防沉降检查井井盖座
				套
人工	00070109	综合人工(养护、市政土建)	工日	0.6512
材料	03211101	风镐凿子	根	0.3400
	13310302	乳化沥青	kg	0.0900
	80250311	细粒式沥青混凝土 AC-13	t	1.5800
	36012881	自调式防沉降窨井盖座	套	1.0000
	X0045	其他材料费	%	0.1000
机械	99330010	风镐	台班	0.1000
	99430230	电动空气压缩机 6 m^3/min	台班	0.0500
	99130100	手扶式振动压路机 1 t	台班	0.0035
	99070520	载重汽车 4 t	台班	0.0326

工作内容： 路面巡视检查、附属设施巡视检查、记录结果、清理雨水口零星障碍物。

定额编号				Y1-1-99
项目			单位	道路巡视检查
				km·次
人工	00070109	综合人工(养护、市政土建)	工日	0.1105
机械	99070520	载重汽车 4 t	台班	0.0350

第二章　城 市 桥 梁

说　　明

一、本章定额主要包括桥面修补，调换伸缩缝，钢结构焊修、敲铲油漆，保养支座，结构修补，栏杆修补、油漆、保洁，限载牌安装、拆除、保洁，拆除石砌体、混凝土结构及钢筋混凝土结构，人行天桥养护及桥梁日常养护等项目。

二、本章定额中小型桥梁指单跨桥跨径<40 m、多跨桥总长度<100 m的桥梁以及人行天桥，大型桥梁指单跨桥跨径≥40 m、多孔桥总长度≥100 m的桥梁。

三、涵洞养护可参照本章定额相关子目。

四、通航河道的桥梁养护维修需汽艇配合，费用可按实计算。

五、桥梁常规定期检测费用、桥梁专项检查费应按实计算。

六、桥面及结构修补若采用环氧混凝土、钢纤维混凝土或聚合物混凝土时，仍套用相应定额，混凝土材料作相应调整，单价按设计配合比确定。若无设计配合比时，可参考表2-1确定。

表2-1　混凝土参考配合比

单位：m^3

项目	单位	环氧混凝土	钢纤维混凝土	聚合物混凝土	TQL特种混凝土
水泥32.5级	kg	182.56	350.00		
特种水泥	kg			1 190.00	
TQL材料	kg				1 075.26
黄砂	kg	369.03	760.00		
碎石3～6	kg	547.68			
碎石5～15	kg		285.00	510.00	
碎石15～25	kg		856.00		1 193.55
水	kg		154.00	210.00	150.54
环氧树脂6101	kg	146.05			
丙酮	kg	21.91			
乙二胺	kg	36.51			
钢纤维	kg		40.00		
外加剂SN-Ⅱ	kg		6.125		

工程量计算规则

一、桥面修补按“m^2”计算。

二、环氧浆液修补桥面（V形缝口）以“m”计算。

三、混凝土结构缺损修补：环氧砂浆修补以“m^2”计算，水泥混凝土修补以“m^3”计算。

四、调换伸缩缝按不同型号以“m”计算。

五、钢构件焊修按调换或加固所耗用的钢材重量以“t”计算。

六、支座保养按不同型号以“只”计算。

七、细裂缝修补以“m^2”计算，涂刷边界为裂缝外延每边各加 0.5 m 计算。

八、栏杆制安、保洁以“m”计算。

九、拆除石砌体、混凝土结构及钢筋混凝土结构按实体积以“m^3”计算。

十、日常保养桥梁、巡视桥梁以“座・次”计算。

十一、人行天桥上部结构保洁按桥梁长度以“m”计算，下部结构保洁按桥梁面积以“m^2”计算。

一、桥 面 系

工作内容：凿除损坏部分、整理、清洗、铺筑、养生。

定 额 编 号				Y1-2-1	Y1-2-2
项 目			单位	桥面修补(水泥混凝土桥面铺装)	
				10 cm	每增减 1 cm
				m^2	m^2
人工	00070109	综合人工(养护、市政土建)	工日	0.2517	0.0119
材料	80210520	预拌混凝土(非泵送型) C30 粒径 5～20	m^3	0.1010	0.0101
	03211101	风镐凿子	根	0.0500	0.0050
	36030252	涤纶针刺土工布 200 g/m^2	m^2	0.9219	—
	34110101	水	m^3	0.1371	—
机械	99330060	路面破碎机(电动)	台班	0.0148	0.0005
	99430230	电动空气压缩机 6 m^3/min	台班	0.0148	0.0005
	99330010	风镐	台班	0.0295	0.0010
	99050940	混凝土振捣器 平板式	台班	0.0080	—
	99070520	载重汽车 4 t	台班	0.0126	0.0006

工作内容：钢筋制作、安装。

定 额 编 号				Y1-2-3
项 目			单位	桥面修补(水泥混凝土桥面铺装)
				钢筋安装
				t
人工	00070109	综合人工(养护、市政土建)	工日	4.0159
材料	03152501	镀锌铁丝	kg	0.5180
	01010200	冷轧带肋钢筋焊接网	t	1.0530
	03130101	电焊条	kg	0.0440
机械	99250020	交流弧焊机 32 kVA	台班	0.0192
	99090390	汽车式起重机 12 t	台班	0.0840
	99070520	载重汽车 4 t	台班	0.2008

工作内容：沿缝口凿开、修成 V 形缝口、清洗、拌制、补缝。

定额编号				Y1-2-4
项目			单位	环氧浆液修补桥面
				V 形缝口
				m
人工	00070109	综合人工(养护、市政土建)	工日	0.3910
材料	05030101	成材	m^3	0.0050
	14210101	环氧树脂	kg	0.0820
	14354631	聚氨酯固化剂	kg	0.0410
	14330601	丙酮	kg	0.0200
机械	99070520	载重汽车 4 t	台班	0.0196

工作内容：凿除损坏部分、整理、清洗、拌制、铺筑、养生。

定额编号				Y1-2-5	Y1-2-6
项目			单位	环氧砂浆修补桥面混凝土缺损	
				2 cm	4 cm
				m^2	m^2
人工	00070109	综合人工(养护、市政土建)	工日	0.1955	0.3995
材料	04030401	石英砂	kg	19.8310	39.6610
	14210101	环氧树脂	kg	9.8850	19.7700
	14354641	乙二胺硬化剂	kg	0.7930	1.5860
	14330601	丙酮	kg	1.2000	2.3000
机械	99070520	载重汽车 4 t	台班	0.0098	0.0200

工作内容： 拆除旧缝、清洗缝边、配料、断料、连接、安装、铺筑混凝土、养生。

定额编号				Y1-2-7	Y1-2-8	Y1-2-9	Y1-2-10
项目			单位	调换平钢板伸缩缝	调换梳型钢板伸缩缝	调换橡胶条伸缩缝	调换橡胶板伸缩缝
				m	m	m	m
人工	00070109	综合人工(养护、市政土建)	工日	1.5602	0.7879	0.5757	0.5470
材料	80210525	预拌混凝土(非泵送型) C40 粒径 5～16	m^3	0.1440	0.0920	0.1030	0.0930
	01010414	热轧光圆钢筋(HPB300) $\phi\leqslant10$	kg	16.9400	14.0000	20.4900	20.2000
	01150103	热轧型钢 综合	kg	37.8600	—	8.2680	—
	80251300	沥青砂	kg	0.5200	—	—	—
	03152501	镀锌铁丝	kg	0.8000	—	—	—
	03211101	风镐凿子	根	0.1000	0.0400	0.0400	0.0400
	13050401	防锈漆	kg	0.1500	0.1500	0.1500	0.1500
	14410601	胶水	kg	0.5000	—	—	—
	02070210	橡胶垫 δ2	m^2	0.1100	—	—	—
	02090101	塑料薄膜	m^2	0.1640	0.1048	0.1173	0.1059
	03130101	电焊条	kg	0.8000	0.8000	1.0000	1.0000
	34110101	水	m^3	0.0027	0.0017	0.0019	0.0017
	14390101	氧气	m^3	0.1484	0.1113	0.1113	0.0371
	14390301	乙炔气	m^3	0.0530	0.0398	0.0398	0.0133
	05150111	油浸甘蔗板	m^2	1.1400	—	—	—
	01290602	镀锌薄钢板	kg	—	14.2000	—	—
	36311301	梳形钢板伸缩缝	m	—	1.0000	—	—
	36312911	橡胶条伸缩缝	m	—	—	1.0500	—
	36311401	橡胶板伸缩缝	m	—	—	—	1.0500
机械	99050940	混凝土振捣器 平板式	台班	0.0500	0.0300	0.0400	0.0300
	99170030	钢筋切断机 $\phi40$	台班	0.0100	0.0300	0.0300	0.0100
	99250020	交流弧焊机 32 kVA	台班	0.0300	0.0300	0.0300	0.0300
	99430230	电动空气压缩机 6 m^3/min	台班	0.0200	0.0100	0.0100	0.0100
	99330010	风镐	台班	0.0400	0.0200	0.0200	0.0200
	99070520	载重汽车 4 t	台班	0.0780	0.0394	0.0288	0.0274

工作内容：拆除旧缝、安装新缝。

定额编号				Y1-2-11	Y1-2-12
项目			单位	调换型钢伸缩缝	调换鸟型橡胶止水带
				m	m
人工	00070109	综合人工(养护、市政土建)	工日	0.4300	0.1300
材料	01010411	热轧光圆钢筋(HPB300) $\phi\leqslant 10$	t	0.0025	—
	36312301	型钢伸缩缝	m	1.0000	—
	13370319	鸟型橡胶止水带	m	—	1.0500
	03019520	膨胀螺丝	套	4.0000	—
	03130101	电焊条	kg	0.3600	—
	14390101	氧气	m^3	0.0371	—
	14390301	乙炔气	m^3	0.0133	—
机械	99250020	交流弧焊机 32 kVA	台班	0.0480	—
	99070520	载重汽车 4 t	台班	0.0215	0.0065

工作内容：拆除旧钢筋混凝土、新浇混凝土过渡段、养护。

定额编号				Y1-2-13
项目			单位	翻修伸缩缝过渡段混凝土
				m^3
人工	00070109	综合人工(养护、市政土建)	工日	3.2700
材料	80210520	预拌混凝土(非泵送型) C30 粒径 5～20	m^3	1.0100
	03211101	风镐凿子	根	0.7000
	03210901	切缝机刀片	片	0.0500
	14390101	氧气	m^3	0.4200
	14390301	乙炔气	m^3	0.1500
	36030252	涤纶针刺土工布 200 g/m^2	m^2	9.2186
	34110101	水	m^3	1.3712
机械	99050940	混凝土振捣器 平板式	台班	0.0802
	99050870	混凝土切缝机	台班	0.2610
	99430230	电动空气压缩机 6 m^3/min	台班	0.3762
	99330010	风镐	台班	0.7524
	99070520	载重汽车 4 t	台班	0.1635

工作内容：钢筋制作、安装。

定额编号				Y1-2-14
项目			单位	安装伸缩缝过渡段混凝土钢筋
				t
人工	00070109	综合人工(养护、市政土建)	工日	12.1188
材料	01010311	热轧带肋钢筋(HRB400) ϕ10～32	t	1.0250
	03152501	镀锌铁丝	kg	4.0000
	03130101	电焊条	kg	0.3361
机械	99170030	钢筋切断机 ϕ40	台班	0.0346
	99170050	钢筋弯曲机 ϕ40	台班	0.0576
	99250020	交流弧焊机 32 kVA	台班	0.1476
	99070520	载重汽车 4 t	台班	0.6059

工作内容：除锈、涂刷(一底二面)。

定额编号				Y1-2-15	Y1-2-16
项目			单位	敲铲油漆钢桁架	
				全出白	半出白
				m^2	m^2
人工	00070109	综合人工(养护、市政土建)	工日	0.9775	0.3485
材料	14050101	溶剂油	kg	0.0230	0.0114
	13010101	调和漆	kg	0.2510	0.1260
	13050401	防锈漆	kg	0.1850	0.0920
机械	99070520	载重汽车 4 t	台班	0.0500	0.0205

工作内容：割除损坏部分、边口整理、构件材料配置、焊接、接头整理。

定额编号				Y1-2-17
项目			单位	焊修钢桁架
				联合梁
				t
人工	00070109	综合人工(养护、市政土建)	工日	42.8400
材料	01150103	热轧型钢 综合	kg	1 090.0000
	03130101	电焊条	kg	132.2000
	14390101	氧气	m^3	11.5036
	14390301	乙炔气	m^3	4.1084
机械	99070520	载重汽车 4 t	台班	0.7750
	99250020	交流弧焊机 32 kVA	台班	3.1000

二、上下部结构

工作内容：清理垃圾、清洗支座、除锈、油漆、更换新黄油。

定　额　编　号				Y1-2-18
项　　目			单位	保养钢滚轴式支座
				只
人工	00070109	综合人工(养护、市政土建)	工日	0.5100
材料	14090101	黄油	kg	3.0000
	14030501	煤油	kg	1.0000
	14050101	溶剂油	kg	0.3000
	13010101	调和漆	kg	1.2000
	13050401	防锈漆	kg	1.2000
机械	99450660	44 kW 内燃拖轮	台班	0.1000

工作内容：清理垃圾、清洗支座。

定　额　编　号				Y1-2-19	Y1-2-20
项　　目			单位	保养橡胶支座	
				水上	陆上
				只	只
人工	00070109	综合人工(养护、市政土建)	工日	0.2040	0.0444
机械	99450660	44 kW 内燃拖轮	台班	0.0100	—
	99110020	工程修理车 JX-12A	台班	—	0.0094

工作内容：除锈、涂刷(一底二面)。

定额编号				Y1-2-21	Y1-2-22
项目			单位	敲铲油漆	
				钢梁	钢柱
				m^2	m^2
人工	00070109	综合人工(养护、市政土建)	工日	1.7000	0.2040
材料	14050101	溶剂油	kg	0.0850	0.0310
	13010101	调和漆	kg	—	0.1710
	14354301	稀释剂	kg	0.0510	—
	13050401	防锈漆	kg	—	0.1260
	13058610	702 环氧富锌底漆	kg	0.3450	—
	13058620	842 环氧云铁底漆	kg	0.3450	—
	13058630	632 氧化橡胶面漆	kg	0.4140	—
机械	Y0069915	液压升降机	台班	—	0.0500
	99070520	载重汽车 4 t	台班	0.0850	0.0102

工作内容：凿除损坏部分、凿毛、凿出阶梯形、清理、修补。

定额编号				Y1-2-23	Y1-2-24
项目			单位	混凝土结构缺损修补	
				水泥砂浆	环氧砂浆
				m^2	m^2
人工	00070109	综合人工(养护、市政土建)	工日	1.2150	0.3145
材料	02090101	塑料薄膜	m^2	4.2958	—
	34110101	水	m^3	0.0711	—
	80060513	湿拌抹灰砂浆 WP M15.0	m^3	0.0180	—
	04030401	石英砂	kg	—	31.6500
	14210101	环氧树脂	kg	—	15.3300
	14354641	乙二胺硬化剂	kg	—	1.2500
	14330601	丙酮	kg	—	1.8000
机械	99070520	载重汽车 4 t	台班	0.0608	0.0157

工作内容：凿除损坏部分、凿毛、凿出阶梯形、清理、修补。

定额编号				Y1-2-25	Y1-2-26
项目			单位	混凝土结构缺损修补-水泥混凝土	
				水上	陆上
				m^3	m^3
人工	00070109	综合人工(养护、市政土建)	工日	4.9357	4.4688
材料	02090101	塑料薄膜	m^2	2.4639	2.4639
	34110101	水	m^3	0.0407	0.0407
	80210520	预拌混凝土(非泵送型) C30 粒径 5～20	m^3	1.0100	1.0100
	35010703	木模板成材	m^3	0.0100	0.0100
	03211101	风镐凿子	根	1.6800	1.6800
机械	99050930	混凝土振捣器 插入式	台班	1.1000	1.1000
	99430230	电动空气压缩机 6 m^3/min	台班	0.5100	0.5100
	99330010	风镐	台班	1.0200	1.0200
	99450660	44 kW 内燃拖轮	台班	0.5100	—
	99070520	载重汽车 4 t	台班	—	0.2234

工作内容：清理混凝土表面、除尘、涂刷修补材料(二面)。

定额编号				Y1-2-27
项目			单位	细裂缝修补
				m^2
人工	00070109	综合人工(养护、市政土建)	工日	0.0769
材料	34110101	水	m^3	0.1000
	14356030	赛柏斯	kg	2.0000
	X0045	其他材料费	%	5.0000
机械	99430230	电动空气压缩机 6 m^3/min	台班	0.0500
	99070520	载重汽车 4 t	台班	0.0038

三、附属设施

工作内容：模板安拆、钢筋制作、安装、浇筑、养生。

定额编号				Y1-2-28
项目			单位	修补钢筋混凝土花板
				m
人工	00070109	综合人工(养护、市政土建)	工日	1.3308
材料	80210520	预拌混凝土(非泵送型) C30 粒径 5～20	m^3	0.0580
	35010703	木模板成材	m^3	0.0040
	01010414	热轧光圆钢筋(HPB300) $\phi\leqslant10$	kg	8.2800
	03150101	圆钉	kg	1.1200
	03152501	镀锌铁丝	kg	0.0046
	02090101	塑料薄膜	m^2	0.3858
	34110101	水	m^3	0.0059
机械	99050940	混凝土振捣器 平板式	台班	0.0200
	99170030	钢筋切断机 $\phi40$	台班	0.0300
	99070520	载重汽车 4 t	台班	0.0665

工作内容：整修构件、构件安装、就位、校正、固定、焊接、养护等。

定额编号				Y1-2-29
项目			单位	安装钢筋混凝土栏杆
				m
人工	00070109	综合人工(养护、市政土建)	工日	0.1940
材料	04293501	钢筋混凝土栏杆	m^3	0.0590
	05031801	枕木	m^3	0.0067
	03150101	圆钉	kg	0.0620
	03152501	镀锌铁丝	kg	0.0292
	03130101	电焊条	kg	0.2478
机械	99250020	交流弧焊机 32 kVA	台班	0.0283
	99070520	载重汽车 4 t	台班	0.0097

工作内容：配制涂料、涂刷。

定 额 编 号				Y1-2-30
项 目			单位	涂料粉刷混凝土栏杆
				m^2
人工	00070109	综合人工(养护、市政土建)	工日	0.0239
材料	13030201	乳液涂料	kg	0.3830
	34110101	水	m^3	0.0001
	14332901	羧甲茎维素	kg	0.0138
	04093901	大白粉	kg	0.2180
	14230512	颜料(色粉)	kg	0.0014
机械	99070520	载重汽车 4 t	台班	0.0012

工作内容：放样、配料、切割、煨制、焊接、堆放。

定 额 编 号				Y1-2-31
项 目			单位	制作钢栏杆
				型钢结构
				m
人工	00070109	综合人工(养护、市政土建)	工日	0.9690
材料	01150103	热轧型钢 综合	kg	35.0000
	03130101	电焊条	kg	0.6200
	14390101	氧气	m^3	0.3711
	14390301	乙炔气	m^3	0.1325
机械	99070520	载重汽车 4 t	台班	0.0500
	99250020	交流弧焊机 32 kVA	台班	0.1000

工作内容：定位、固定、浇筑混凝土栏柱、沿石、安装扶手。

定　额　编　号				Y1-2-32
项　　目			单位	安装钢栏杆
				型钢结构
				m
人工	00070109	综合人工(养护、市政土建)	工日	1.5905
材料	80210520	预拌混凝土(非泵送型) C30 粒径 5～20	m^3	0.0710
	35010703	木模板成材	m^3	0.0040
	01010414	热轧光圆钢筋(HPB300) $\phi\leqslant10$	kg	15.1300
	17010102	焊接钢管 综合	kg	10.3600
	03150101	圆钉	kg	2.7000
	03152501	镀锌铁丝	kg	0.0770
	03130101	电焊条	kg	0.1000
	14390101	氧气	m^3	0.1484
	14390301	乙炔气	m^3	0.0530
	02090101	塑料薄膜	m^2	4.5106
	34110101	水	m^3	0.0747
机械	99050930	混凝土振捣器 插入式	台班	0.1300
	99250020	交流弧焊机 32 kVA	台班	0.0400
	99070520	载重汽车 4 t	台班	0.0795

工作内容：除锈、涂刷(一底二面)。

定　额　编　号				Y1-2-33	Y1-2-34
项　　目			单位	油漆栏杆	
				型钢栏杆	花式铁栏杆
				m^2	m^2
人工	00070109	综合人工(养护、市政土建)	工日	0.6545	0.7480
材料	14050101	溶剂油	kg	0.0170	0.0168
	13010101	调和漆	kg	0.1840	0.1840
	13050401	防锈漆	kg	0.1350	0.1350
	03110623	铁砂布 2#	张	1.1000	—
机械	99070520	载重汽车 4 t	台班	0.0327	0.0374

工作内容： 割除损坏部分、边口整理、材料配置、焊接、接头整理。

定额编号				Y1-2-35
项目			单位	焊修花式铁栏杆
				t
人工	00070109	综合人工(养护、市政土建)	工日	68.5950
材料	03130101	电焊条	kg	225.7000
	14390101	氧气	m^3	11.1325
	14390301	乙炔气	m^3	3.9759
	01150103	热轧型钢 综合	kg	1 050.0000
机械	99250020	交流弧焊机 32 kVA	台班	3.0000
	99070520	载重汽车 4 t	台班	0.7500

工作内容： 凿除损坏石材栏杆部分、清除表面、用水湿润、安装石材栏杆。

定额编号				Y1-2-36
项目			单位	石材栏杆调换
				m
人工	00070109	综合人工(养护、市政土建)	工日	0.9970
材料	08010100	石材栏杆(200×200×10 000 mm)	块	(1.0000)
	80210520	预拌混凝土(非泵送型) C30 粒径 5～20	m^3	0.0420
	80060513	湿拌抹灰砂浆 WP M15.0	m^3	0.0110
	35010703	木模板成材	m^3	0.0200
	01010414	热轧光圆钢筋(HPB300) $\phi\leqslant10$	kg	8.4200
	03150101	圆钉	kg	1.1200
	03152501	镀锌铁丝	kg	0.0410
	03211101	风镐凿子	根	1.0000
	X0045	其他材料费	%	5.0000
机械	99430230	电动空气压缩机 6 m^3/min	台班	0.4000
	99330010	风镐	台班	0.8000
	99070520	载重汽车 4 t	台班	0.0499

工作内容：模板安拆、钢筋制作、安装、混凝土浇筑、养生。

定额编号				Y1-2-37
项目			单位	修理钢筋混凝土端柱
				m^3
人工	00070109	综合人工(养护、市政土建)	工日	6.7156
材料	80210520	预拌混凝土(非泵送型) C30 粒径 5～20	m^3	1.0100
	34110101	水	m^3	1.4700
	35010703	木模板成材	m^3	0.1020
	01010311	热轧带肋钢筋(HRB400) ϕ10～32	t	0.0451
	03152501	镀锌铁丝	kg	0.2640
	03150101	圆钉	kg	0.6463
	03154813	铁件	kg	3.1929
机械	99210010	木工圆锯机 ϕ500	台班	0.3337
	99210070	木工平刨床 刨削宽度 500	台班	0.3337
	99170030	钢筋切断机 ϕ40	台班	0.0266
	99170050	钢筋弯曲机 ϕ40	台班	0.0266
	99070520	载重汽车 4 t	台班	0.3358

工作内容：放样、配料、切割、焊接、定位、固定、安装。

定额编号				Y1-2-38
项目			单位	制作安装不锈钢扶手
				m
人工	00070109	综合人工(养护、市政土建)	工日	0.2040
材料	17050020	不锈钢管(2.35 kg/m) ϕ76.2	kg	2.0892
	17050010	不锈钢管(1.31 kg/m) ϕ50.8	kg	1.2851
	03130201	不锈钢焊条	kg	0.0247
	14390701	氩气	m^3	0.0699
	01610101	钨棒	kg	0.0001
	14210101	环氧树脂	kg	0.0126
机械	99230250	抛光机	台班	0.0157
	99250440	氩弧焊机 500 A	台班	0.0312
	99070520	载重汽车 4 t	台班	0.0106

工作内容： 翻挖、埋设、夯填、浇筑、养护。

定额编号				Y1-2-39
项目			单位	安装限载牌
				套
人工	00070109	综合人工(养护、市政土建)	工日	0.1408
材料	80210520	预拌混凝土(非泵送型) C30 粒径 5～20	m^3	0.1300
	36014021	限载牌	套	1.0000
机械	99070520	载重汽车 4 t	台班	0.0070

工作内容： 翻挖、拆除、洞穴填平、夯实。

定额编号				Y1-2-40
项目			单位	拆除限载牌
				套
人工	00070109	综合人工(养护、市政土建)	工日	0.3910
机械	99070520	载重汽车 4 t	台班	0.0196

工作内容： 清洗、刷净。

定额编号				Y1-2-41
项目			单位	擦洗限载牌
				套
人工	00070109	综合人工(养护、市政土建)	工日	0.0340
材料	34110101	水	m^3	0.0500
	X0045	其他材料费	%	10.0000
机械	99070520	载重汽车 4 t	台班	0.0017

工作内容： 更换牌面。

定额编号				Y1-2-42
项目			单位	更换限载牌牌面
				块
人工	00070109	综合人工(养护、市政土建)	工日	0.0510
材料	36214022	限载牌牌面	套	1.0000
机械	99070520	载重汽车 4 t	台班	0.0510

工作内容：更换立管、牌面安装。

定额编号				Y1-2-43
项目			单位	更换限载牌钢管立柱
				根
人工	00070109	综合人工(养护、市政土建)	工日	0.0850
材料	36214023	限载牌立柱(钢管)	套	1.0000
机械	99070520	载重汽车 4 t	台班	0.0043

工作内容：擦洗干净、油漆、描字。

定额编号				Y1-2-44
项目			单位	桥名牌保洁及描字
				块
人工	00070109	综合人工(养护、市政土建)	工日	0.1105
材料	13010101	调和漆	kg	0.4000
	34110101	水	m^3	0.0500
	X0045	其他材料费	%	10.0000
机械	99070520	载重汽车 4 t	台班	0.0055

工作内容：拆除、清理。

定额编号				Y1-2-45	Y1-2-46	Y1-2-47
项目			单位	陆上拆除构筑物—石砌体	陆上拆除构筑物—混凝土	陆上拆除构筑物—钢筋混凝土
				m^3	m^3	m^3
人工	00070109	综合人工(养护、市政土建)	工日	0.9694	0.8554	1.3840
材料	03211101	风镐凿子	根	0.3000	0.2400	0.2800
	03211121	破碎锤钎杆 ϕ140	根	—	0.0014	0.0035
	14390101	氧气	m^3	—	—	0.3661
	14390301	乙炔气	m^3	—	—	0.1431
	X0045	其他材料费	%	—	2.0000	5.0000
机械	99430230	电动空气压缩机 6 m^3/min	台班	0.1565	0.1015	0.1505
	99330010	风镐	台班	0.3130	0.2029	0.3010
	99010060	履带式单斗液压挖掘机 1 m^3	台班	—	0.0386	0.0716
	99010610	液压镐头	台班	—	0.0260	0.0530
	99070520	载重汽车 4 t	台班	0.0485	0.0428	0.0692

工作内容： 擦洗。

定额编号				Y1-2-48
项目			单位	栏杆保洁
				m
人工	00070109	综合人工(养护、市政土建)	工日	0.0057
材料	34110101	水	m^3	0.0015
	X0045	其他材料费	%	10.0000
机械	99070520	载重汽车 4 t	台班	0.0003

四、人 行 天 桥

工作内容：拆除旧玻璃、安装新玻璃。

定 额 编 号				Y1-2-49
项 目			单位	天桥玻璃调换
				10 m^2
人工	00070109	综合人工(养护、市政土建)	工日	0.7969
材料	06090100	双层玻璃	m^2	(10.0000)
	03130201	不锈钢焊条	kg	0.4672
	12031201	不锈钢压条	m	2.0000
	14354700	蓝硅胶(干燥剂)	kg	0.3000
机械	99250440	氩弧焊机 500 A	台班	1.0000
	99070520	载重汽车 4 t	台班	0.0398

工作内容：拆除旧外饰面板、安装龙骨架、不锈钢螺丝固定、安装新外饰面板、打硅胶密封。

定 额 编 号				Y1-2-50
项 目			单位	天桥外饰面板维修
				10 m^2
人工	00070109	综合人工(养护、市政土建)	工日	4.7226
材料	03130201	不锈钢焊条	kg	0.2000
	09051001	电化铝板	m^2	11.0000
	14354700	蓝硅胶(干燥剂)	kg	0.3000
	03015400	不锈钢螺丝 5.5×30 mm	只	10.0000
机械	99070520	载重汽车 4 t	台班	0.1000
	99250440	氩弧焊机 500 A	台班	0.1000
	99110120	曲臂登高车	台班	0.1000
	99230040	等离子切割机 400 A	台班	0.1000

工作内容：钻孔、清洗、裁料、刷胶、安装橡胶条。

定额编号				Y1-2-51
项目			单位	天桥踏步橡胶条更换
				10 m
人工	00070109	综合人工(养护、市政土建)	工日	1.8367
材料	14410601	胶水	kg	1.5000
	02031001	橡胶防滑条	m	10.5000
	03018884	塑料膨胀管(尼龙胀管) M6	个	40.0000
	14330601	丙酮	kg	0.5000
机械	99070520	载重汽车 4 t	台班	0.0918

工作内容：钻孔、配料、安装防滑条。

定额编号				Y1-2-52
项目			单位	天桥踏步角钢防滑条更换
				10 m
人工	00070109	综合人工(养护、市政土建)	工日	1.5306
材料	03018884	塑料膨胀管(尼龙胀管) M6	个	40.0000
	01150103	热轧型钢 综合	kg	32.1200
	14390101	氧气	m^3	0.1855
	14390301	乙炔气	m^3	0.0663
机械	99070520	载重汽车 4 t	台班	0.0765

工作内容：拆除旧进水口、安装新进水口。

定额编号				Y1-2-53
项目			单位	天桥进水口更换
				只
人工	00070109	综合人工(养护、市政土建)	工日	0.0075
材料	03070503	地漏 DN50	套	1.0000
	X0045	其他材料费	%	5.0000
机械	99070520	载重汽车 4 t	台班	0.0004

工作内容：拆除旧进水管、安装排水管、接口涂胶封口。

定额编号				Y1-2-54
项目			单位	天桥排水管更换
				m
人工	00070109	综合人工(养护、市政土建)	工日	0.0191
材料	03019520	膨胀螺丝	套	2.6000
	18254101	夹箍	付	1.0000
	18255631	塑料管卡 DN110 以内	只	0.6500
	18154700	弯头	只	0.2200
	18210601	伸缩节	套	0.1600
	14410601	胶水	kg	0.0070
	03130301	塑料焊条	kg	0.0040
	17250551	硬聚氯乙烯(PVC-U)雨水管 DN110 以内	m	1.0200
机械	99110120	曲臂登高车	台班	0.0050
	99450640	ϕ12-22 电锤	台班	0.0100
	99250600	塑料电焊机	台班	0.0100
	99070520	载重汽车 4 t	台班	0.0010

五、日 常 养 护

工作内容：清理缝隙垃圾、疏通泄水孔及管道、保持设施整洁。

定 额 编 号				Y1-2-55	Y1-2-56
项　目			单位	日常保养中小型桥	日常保养大型桥
				座・次	座・次
人工	00070109	综合人工(养护、市政土建)	工日	0.5015	0.8670
机械	99150260	高压冲水车	台班	0.0400	0.1000

工作内容：清理缝隙垃圾、保持设施整洁。

定 额 编 号				Y1-2-57
项　目			单位	日常保养梁及板冲刷
				10 m^2
人工	00070109	综合人工(养护、市政土建)	工日	0.5857
材料	34110101	水	m^3	0.1760
机械	99110010	升降汽车	台班	0.0040

工作内容：清理缝隙垃圾、疏通泄水孔及管道、保持设施整洁。

定 额 编 号				Y1-2-58
项　目			单位	日常保养人行天桥
				座・次
人工	00070109	综合人工(养护、市政土建)	工日	0.4930
机械	99070520	载重汽车 4 t	台班	0.0247

工作内容：全面巡视检查桥梁损坏情况、做好详细记录。

定 额 编 号				Y1-2-59
项　目			单位	桥梁下部结构巡查
				座・次
人工	00070109	综合人工(养护、市政土建)	工日	0.1033
机械	99110130	曲臂登高车(30 m)	台班	0.0450

工作内容：全面巡视检查桥梁损坏情况、做好详细记录。

定额编号				Y1-2-60	Y1-2-61
项目			单位	巡视检查中小型桥	巡视检查大型桥
				座·次	座·次
人工	00070109	综合人工(养护、市政土建)	工日	0.1148	0.2720
机械	99450650	123 kW 机动艇	台班	0.0450	0.0800

工作内容：玻璃、栏杆、立柱等保洁。

定额编号				Y1-2-62
项目			单位	人行天桥上部结构保洁
				10 m
人工	00070109	综合人工(养护、市政土建)	工日	0.0935
材料	34110101	水	m^3	1.0000
	X0045	其他材料费	%	10.0000
机械	99070520	载重汽车 4 t	台班	0.0047

工作内容：装水、运水、冲水、梁底刷洗。

定额编号				Y1-2-63
项目			单位	人行天桥下部结构保洁
				10 m^2
人工	00070109	综合人工(养护、市政土建)	工日	0.0638
材料	34110101	水	m^3	0.2200
	X0045	其他材料费	%	10.0000
机械	99110120	曲臂登高车	台班	0.0750
	99150260	高压冲水车	台班	0.0750

第三章　地 下 通 道

说　明

一、本章定额主要包括修理饰面，防火涂料，裂缝修补，地道堵漏，沉降缝、挡土墙修理，地道横截沟、横截沟清泥，橡胶止水带调换，地道集泥井清捞，地道排气扇维修调换，地道照明灯具维修调换，地道日常保养、保洁、巡视等项目。

二、本章定额适用于城市道路的下立交桥以及人行地道。

三、定额中的主材可以换算，未包含的装饰工程可参考其他定额。

四、定额中灯具、电器等材料，如材质、品牌不同，可根据实际需要进行替换。

五、定额子目中不含结构混凝土修补，如需要，参照城市桥梁章节相应子目计取。

六、修理饰面项目未包含搭拆脚手架、升降平台等费用，发生时，另行计取。

七、定额子目中不含地道的机电设备(如泵房等)的养护等内容，如需要，可参照《上海市市政工程养护维修预算定额　第三册　越江隧道(SHA 1—41(03)—2010)》的相应子目计取。

工程量计算规则

一、水泥砂浆、瓷砖、石材、涂料等无骨架装饰层以“m^2”计算。

二、细裂缝修补—防水砂浆按修补面积以“m^2”计算。

三、地下通道裂缝处理、结构缝堵漏以“m”计算。

四、橡胶止水带调换，地道横截沟维修、沉降缝修理以“m”计算。

五、挡土墙修理以“m^3”计算。

六、横截沟清泥以“m”计算，地下通道集泥井清捞以“座”计算。

七、地下通道排气扇维修调换按“只”计算，地下通道照明灯具维修调换按“套”计算。

八、地下通道日常保养、巡视按“座・次”计算。

九、人行地道保洁按“座”计算。

十、车行地道立面保洁以“1 000 m^2”计算。

一、附属设施

工作内容： 清理及修补基层表面、预制砂浆运输、抹灰、饰面。

定额编号				Y1-3-1
项目			单位	修理水泥砂浆饰面
				10 m^2
人工	00070109	综合人工(养护、市政土建)	工日	2.0772
材料	34110101	水	m^3	0.0200
	80110601	素水泥浆	m^3	0.0100
	80060213	干混抹灰砂浆 DP M15.0	m^3	0.2050
	X0045	其他材料费	%	2.0000
机械	99070520	载重汽车 4 t	台班	0.1039

工作内容： 镶贴面层修理、清理及修补基层表面、预制砂浆运输、打底、找平、砍打及磨光块料边缘、镶贴、修嵌缝隙、打蜡、擦亮。

定额编号				Y1-3-2	Y1-3-3	Y1-3-4
项目			单位	修理陶瓷锦砖饰面	修理彩釉面砖饰面	修理石材饰面
				10 m^2	10 m^2	10 m^2
人工	00070109	综合人工(养护、市政土建)	工日	6.4800	7.0700	6.9400
材料	80110601	素水泥浆	m^3	0.0100	—	0.0100
	80060214	干混抹灰砂浆 DP M20.0	m^3	0.1680	—	0.3060
	04011103	白色硅酸盐水泥	kg	2.5000	—	—
	07070301	陶瓷锦砖	m^2	10.3000	—	—
	14410801	聚醋酸乙烯乳液(白胶)	kg	0.7700	—	—
	80010111	水泥砂浆 1∶1	m^3	0.0510	0.0720	—
	34110101	水	m^3	0.0470	0.0430	0.0860
	07030316	彩釉面砖 150×150	m^2	—	10.2700	—
	80060213	干混抹灰砂浆 DP M15.0	m^3	—	0.1530	—
	14030501	煤油	kg	—	—	0.0800
	14311401	草酸	kg	—	—	0.1200
	08030101	花岗岩板	m^2	—	—	(10.3000)
	03210831	石料切割锯片 ϕ150	片	—	—	0.3000
	33330301	铁器	kg	—	—	3.5000
	14091401	软白蜡	kg	—	—	0.4000
	01410197	黄铜丝 16#	kg	—	—	0.4000
机械	99070520	载重汽车 4 t	台班	0.3240	0.3535	0.3470

工作内容：防火涂料涂刷、清理现场。

定额编号				Y1-3-5
项目			单位	防火涂料
				10 m^2
人工	00070109	综合人工(养护、市政土建)	工日	3.6108
材料	13051001	防火涂料	kg	77.0000
	X0045	其他材料费	%	5.0000
机械	99430250	电动空气压缩机 10 m^3/min	台班	1.2000
	99110120	曲臂登高车	台班	1.2000

工作内容：凿毛、清洗基面、漏点处理、材料配置、批刮、粉刷。

定额编号				Y1-3-6
项目			单位	细裂缝修补—防水砂浆
				m^2
人工	00070109	综合人工(养护、市政土建)	工日	0.2338
材料	80060331	干混防水砂浆	m^3	0.2000
	14351401	防水剂	kg	3.0000
	14412801	环氧密封胶	kg	1.2000
	02290301	麻布	kg	5.0000
	04010115	水泥 42.5 级	kg	10.0000
	X0045	其他材料费	%	5.0000
机械	99110120	曲臂登高车	台班	0.3800
	99070520	载重汽车 4 t	台班	0.3800
	JX2030	其他机械费	%	1.0000

工作内容：表面清理、查找漏水点、注浆堵漏、铺贴环氧玻璃布。

定　额　编　号				Y1-3-7	Y1-3-8
项　　目			单位	地道裂缝处理	结构缝堵漏
				m	m
人工	00070109	综合人工(养护、市政土建)	工日	3.3150	5.5250
材料	35041501	注浆管	kg	1.0000	1.0000
	14210101	环氧树脂	kg	1.0000	1.0000
	14354651	固化剂 T-31	kg	0.5000	0.5000
	04010115	水泥 42.5 级	kg	0.0300	0.0300
	15071502	玻璃布	m^2	—	1.2000
	14351401	防水剂	kg	3.0000	3.0000
	13058700	聚氨酯	kg	3.0000	3.0000
	04030115	黄砂 中粗	t	0.1000	—
	X0045	其他材料费	%	2.0000	2.0000
机械	99110120	曲臂登高车	台班	0.3800	0.3800
	99440580	压浆泵(手动)	台班	0.3800	0.3800
	99070520	载重汽车 4 t	台班	0.3800	0.3800
	JX2030	其他机械费	%	1.0000	1.0000

工作内容：沉降缝基层清理、嵌塞麻丝材料、清理现场。

定　额　编　号				Y1-3-9
项　　目			单位	沉降缝修理
				m
人工	00070109	综合人工(养护、市政土建)	工日	0.4590
材料	04010111	水泥 32.5 级	t	0.0005
	04030123	黄砂 中粗	m^3	0.0010
	13310401	石油沥青	kg	0.5000
	02290901	油浸麻丝	kg	0.1300
机械	99110120	曲臂登高车	台班	0.1000

工作内容：拆除、放样、浸砖、运输、砌砖、养护、清理等。

定　额　编　号				Y1-3-10
项　　目			单位	挡土墙修理
				m^3
人工	00070109	综合人工(养护、市政土建)	工日	2.2891
材料	04131711	蒸压灰砂砖	1 000 块	0.5231
	80060412	湿拌砌筑砂浆 WM M7.5	m^3	0.2634
	34110101	水	m^3	0.7140
机械	99070520	载重汽车 4 t	台班	0.0582

工作内容：拆卸盖框盖板、整理接口面、浇筑混凝土、粉刷、养护、安装盖框盖板、清理现场。

定　额　编　号				Y1-3-11
项　　目			单位	地道横截沟维修保养
				100 m
人工	00070109	综合人工(养护、市政土建)	工日	17.7000
材料	80210515	预拌混凝土(非泵送型) C20 粒径 5～40	m^3	3.1800
	80060214	干混抹灰砂浆 DP M20.0	m^3	0.5900
	35010703	木模板成材	m^3	0.7900
	34110101	水	m^3	0.1700
机械	99070520	载重汽车 4 t	台班	0.8850

工作内容：高压水枪清泥——车辆检查、清扫地道边沟、人工配合清扫、倾倒垃圾、车辆清洗。
人工清泥——横截沟盖板移位、人工清泥、倾倒垃圾、盖板复位。

定　额　编　号				Y1-3-12	Y1-3-13
项　　目			单位	横截沟清泥	
				高压水枪清洗	人工清淤泥
				m	m
人工	00070109	综合人工(养护、市政土建)	工日	0.1275	1.2750
材料	34110101	水	m^3	0.0500	—
机械	99150260	高压冲水车	台班	0.0280	—
	99150280	清扫车	台班	0.0280	—
	99070250	轮胎式装载机 2.5 m^3	台班	—	0.0280
	99070520	载重汽车 4 t	台班	—	0.0280
	JX2030	其他机械费	%	8.0000	8.0000

工作内容：拆除损坏止水带、排水、凿槽清缝、封缝、安装止水带、垃圾清运。

定　额　编　号				Y1-3-14
项　　目			单位	橡胶止水带调换
				m
人工	00070109	综合人工(养护、市政土建)	工日	5.5250
材料	13370320	氯丁橡胶止水带	m	1.2000
	04010115	水泥 42.5 级	kg	0.0500
	14351401	防水剂	kg	3.0000
	04030115	黄砂 中粗	t	0.1500
	03210901	切缝机刀片	片	0.0100
	X0045	其他材料费	%	1.0000
机械	99050870	混凝土切缝机	台班	0.3800
	99110120	曲臂登高车	台班	0.3800
	99070520	载重汽车 4 t	台班	0.2763

工作内容：抽水、有毒气体测试、捞泥、污泥运出井外。

定　额　编　号				Y1-3-15
项　　目			单位	地道集泥井清捞
				座
人工	00070109	综合人工(养护、市政土建)	工日	0.8492
机械	99410610	潜水设备	台班	0.3330
	98530010	有毒气体测试仪	台班	0.0830
	99070520	载重汽车 4 t	台班	0.0425

工作内容：拆除排气扇、安装排气扇。

定　额　编　号				Y1-3-16
项　　目			单位	地道排气扇维修调换
				只
人工	00070109	综合人工(养护、市政土建)	工日	1.7000
材料	22610010	排气扇	只	1.0000
机械	99070520	载重汽车 4 t	台班	0.0850

工作内容：拆卸装饰板、拆除老化的灯具及电气设备、安装灯具及电气设备、装饰板复位、清理场地、竖拆登高扶梯。

定额编号				Y1-3-17
项目			单位	地道照明灯具电器维修调换
				套
人工	00070109	综合人工(养护、市政土建)	工日	0.8500
材料	25050001	成套灯具	套	(1.0000)
	27170111	黑胶布胶带 20×20 m	卷	1.0000
	28010010	电线	m	10.0000
	03015410	螺丝	只	10.0000
机械	99070520	载重汽车 4 t	台班	0.0425

二、日常养护

工作内容：清理缝隙垃圾、疏通泄水孔及管道、保持设施整洁。

定额编号				Y1-3-18	Y1-3-19
项目			单位	日常保养车行地道	日常保养人行地道
				座·次	座·次
人工	00070109	综合人工(养护、市政土建)	工日	5.1000	0.9775
机械	99070520	载重汽车 4 t	台班	0.2550	0.0489

工作内容：冲水、洗刷、清扫、立面人工刷擦。

定额编号				Y1-3-20	Y1-3-21
项目			单位	人行地道保洁	车行地道立面保洁
				座	1 000 m^2
人工	00070109	综合人工(养护、市政土建)	工日	5.1000	0.5950
材料	34110101	水	m^3	2.0000	0.5000
	X0045	其他材料费	%	10.0000	10.0000
机械	99070520	载重汽车 4 t	台班	1.0000	—
	99310040	洒水车 8 000 L	台班	—	0.0900
	99150270	侧壁清洗车	台班	—	0.0900

工作内容：全面巡视检查、做好详细记录。

定额编号				Y1-3-22	Y1-3-23
项目			单位	巡视检查—车行地道	巡视检查—人行地道
				座·次	座·次
人工	00070109	综合人工(养护、市政土建)	工日	0.8500	0.2720
机械	99450670	电子巡检系统	台班	0.1500	—
	99070520	载重汽车 4 t	台班	0.0425	—